全民科普 创新中国

海洋奇趣全记录

冯化太◎主编

汕头大学出版社

图书在版编目（CIP）数据

　　海洋奇趣全记录／冯化太主编. -- 汕头：汕头大
学出版社，2018.8
　　ISBN 978-7-5658-3690-9

　　Ⅰ．①海… Ⅱ．①冯… Ⅲ．①海洋－青少年读物
Ⅳ．①P7-49

　　中国版本图书馆CIP数据核字(2018)第163997号

海洋奇趣全记录　　HAIYANG QIQU QUAN JILU

主　　编：冯化太
责任编辑：汪艳蕾
责任技编：黄东生
封面设计：大华文苑
出版发行：汕头大学出版社
　　　　　广东省汕头市大学路243号汕头大学校园内　邮政编码：515063
电　　话：0754-82904613
印　　刷：北京一鑫印务有限责任公司
开　　本：690mm×960mm　1/16
印　　张：10
字　　数：126千字
版　　次：2018年8月第1版
印　　次：2018年9月第1次印刷
定　　价：35.80元
ISBN 978-7-5658-3690-9

前言
PREFACE

习近平总书记曾指出："科技创新、科学普及是实现创新发展的两翼，要把科学普及放在与科技创新同等重要的位置。没有全民科学素质普遍提高，就难以建立起宏大的高素质创新大军，难以实现科技成果快速转化。"

科学是人类进步的第一推动力，而科学知识的学习则是实现这一推动的必由之路。特别是科学素质决定着人们的思维和行为方式，既是我国实施创新驱动发展战略的重要基础，也是持续提高我国综合国力和实现中华复兴的必要条件。

党的十九大报告指出，我国经济已由高速增长阶段转向高质量发展阶段。在这一大背景下，提升广大人民群众的科学素质、创新本领尤为重要，需要全社会的共同努力。所以，广大人民群众科学素质的提升不仅仅关乎科技创新和经济发展，更是涉及公民精神文化追求的大问题。

科学普及是实现万众创新的基础，基础更宽广更牢固，创新才能具有无限的美好前景。特别是对广大青少年大力加强科学教育，使他们获得科学思想、科学精神、科学态度以及科学方法的熏陶和培养，让他们热爱科学、崇尚科学，自觉投身科学，实现科技创新的接力和传承，是现在科学普及的当务之急。

近年来，虽然我国广大人民群众的科学素质总体水平大有提高，但发展依然不平衡，与世界发达国家相比差距依然较大，这已经成为制约发展的瓶颈之一。为此，我国制定了《全民科学素质行动计划纲要实施方案（2016—2020年）》，要求广大人民群众具备科学素质的比例要超过10%。所以，在提升人民群众科学素质方面，我们还任重道远。

我国已经进入"两个一百年"奋斗目标的历史交汇期，在全面建设社会主义现代化国家的新征程中，需要科学技术来引航。因此，广大人民群众希望拥有更多的科普作品来传播科学知识、传授科学方法和弘扬科学精神，用以营造浓厚的科学文化气氛，让科学普及和科技创新比翼齐飞。

为此，在有关专家和部门指导下，我们特别编辑了这套科普作品。主要针对广大读者的好奇和探索心理，全面介绍了自然世界存在的各种奥秘未解现象和最新探索发现，以及现代最新科技成果、科技发展等内容，具有很强的科学性、前沿性和可读性，能够启迪思考、增加知识和开阔视野，能够激发广大读者关心自然和热爱科学，以及增强探索发现和开拓创新的精神，是全民科普阅读的良师益友。

目 录
CONTENTS

海底的多样性地形

　　我们看到海洋表面平平坦坦，那么海底是不是平的呢？其实海底并不是那么平坦的。

　　长期以来，人们为了探测海洋到底有多深，花费了不少心思。在1920年以前，人们用绳子系上重锤探测海洋的深度。

　　这种古老的方法用来探测浅海还可以，探测深海就不实用了。后来人们学会利用回声探测才对海底有了比较全面的了解。

　　人们利用回声探测测得海洋平均深3795米，里面有高耸的海山、起伏的海丘、绵长的海岭、深邃的海沟，也有坦荡辽阔的深海平原。

　　在海洋底部有相当数量的海山，仅在太平洋里就有2000座以上，大多分布在海面以下4000米至5000米深的海底，一般高度在1000米以上。

　　这些海山多为海底火山或未经海蚀的沉降火山岛，其中还包括一些分布于海面以下1000米至2000米深处的海底平顶山。

　　从海底平顶山上还发掘出了大约8500万年前的浅海文蛤化石。另外，山顶四周还有很多珊瑚礁状物。

　　由此可见，海底平顶山的顶部由于受到海浪的侵蚀、冲击，逐渐形成了平坦的顶部，随之变成了浅滩。

　　此后，由于地质原因，这些海底平顶山沉入海底1000米至2000米的深处。

　　海丘也就是深海里的丘陵，其上部几乎没

有沉积物，底部宽约数千米，一般多为圆形或椭圆形。深海丘陵常分布于深海平原向洋中脊一侧，在各大洋均有发现，但相比较而言，太平洋里的海丘比较多一些。

海岭又称海脊，一般高出两侧海底3000米至4000米。在各大洋中有彼此连通的蜿蜒曲折、庞大的海底山脊系统，像一条巨龙伏卧在海底，注视着波涛滚滚的洋面。

海底还有比海洋底部更深的海沟，如开曼海沟，位于加勒比海西北部开曼群岛和牙买加岛之间，是加勒比海最深的海沟，平均深度为5000米至6000米，最深点达7680米。

此外，还有"深不可测"的海沟，如深达11034米的马里亚纳海沟，即使将最高的山峰珠穆朗玛峰填放进去，也会被淹没得无影无踪。

在海洋底部还有如同陆地平原一样的深海平原。这些平原面积较大，表面光滑而平整。

深海平原在世界各大洋中均有分布，以大西洋最多。

拓展阅读

1692年，北美洲南端的牙买加岛的首府罗叶尔港在遭受到一次强烈的地震后，大约3/4的城市沉入了海底。若干年后，人们还能看清这座海底城市的一幢幢房屋。

大洋深处的山脉

　　早在1918年，德国一艘名为"流星"号的海洋考察船在大西洋进行海底考察时，偶然从回声探测仪上发现大西洋中部的海底比两边高出许多，由东往西竟是1000千米长的凸起高地。

　　在这之后的3年中，他们做了几万次探测试验，终于发现那里隐藏着令人难以置信的海底山脉。

　　后来，通过对大西洋的全面调查，科学家们找到了这条山脉的两极。它始于冰岛，经大西洋中部一直延伸至南极附近，

弯弯曲曲长达10000多千米。

山脉走向与大西洋的形态一致，也是S形，平均宽度在1000千米以上，比两侧洋底平均高出2000米。

这条山脉是由一系列平行的山系结合在一起形成的。山脉露出水面的顶峰组成了一串珍珠般美丽的岛屿，其中包括冰岛、亚速尔群岛、圣赫勒拿岛与特里斯坦——达库尼亚群岛等。

然而，大西洋海底这座使人难以想象的山脉却只是全球海底山脉不起眼的一部分。

海洋学家在研究了世界各大洋的探测资料后宣布：世界各大洋底都存在着类似的海底山脉。如果把它们像火车一样一节一节地接起来，总长度超过65000千米，可以绕地球一圈半。

洋底地形分布也有一定的规律。在各大洋中，都有大致南

北走向的巨大的海底山脉，绵延10000多千米，在洋底东部还有一个大洋中脊。

印度洋东部有一条南北走向的，长达6000千米的东印度洋海岭。北冰洋虽然较浅，但在中部也有两条略呈南北走向的海岭。

然而，海底山脉又是怎样形成的呢？科学家们发现，海底山脉多数是由橄榄岩、玄武岩等火山岩石构成的。

海底山脉多发育在海底高原和隆起的高地上，这些高原、高地是岩浆喷发时形成的。

科学考察表明，海底地壳下岩浆对流活动时，地壳发生裂隙，岩浆沿着这些裂隙喷发到海底表面，造成了纵横数千米的海底高原和海底高地。而在这些高原和高地上又升起一座座海底火山。

　　经过漫长的岁月，火山喷发形成的火山岩便堆成了今天的海底山脉。

拓　展　阅　读

　　海底高原，又称海台或海底长垣，为宽广而伸长的海底高地。海台顶面比较平坦，侧面坡度较陡，有的也较平缓。有时可绵延几千米以上，如太平洋马绍尔群岛和夏威夷群岛之间的海底高原，长为2800千米，宽为900千米。

海底瀑布的真面目

　　世界上最高的瀑布是哪一条？你可能会说是安赫尔瀑布。这条大瀑布从高耸的峭壁上飞流直下，落差达979米，比世界闻名的尼亚加拉瀑布高15倍。

　　然而，世间竟有如此奇妙的事，海洋学家在冰岛和格陵兰岛之间的大西洋海底发现了一个名叫丹麦海峡的海底特大瀑布，瀑布高3500米，比安赫尔瀑布还要高4倍。

当时，海洋学家在格陵兰岛沿海的航线上测量海水流动的速率时，把水流计沉入海中后，水流计连续被强大的水流冲坏。后来发现，这里的水流汹涌原来是由于巨大的海水从海底峭壁倾泻而下造成的。

这个海底特大瀑布宽约200米，深200米，水量约为每秒500万立方米，相当于亚马孙河的流量的25倍。然而，人类还无法目睹这一海底奇观。

世界海底最大的瀑布处在丹麦海峡海面之下，约有200千米的宽度。它每秒携带500万立方米的水量飞流直下200多米后，沿一缓洋坡顺流而下，总落差达3500米左右， 并且形成了北大西洋的深层水。

有趣的是，丹麦海峡海底瀑布具有控制不同地区的海洋的水温及含盐度的奇妙作用。

正像一个平底锅中水的环流那样，如果平底锅一端被加热，而另一端却是冷的，那么冷端的凉水将迅速沉到锅底并向热端扩散。若锅底出现了"海底山脉"或"山脊"，大量冷水将聚积在山脊背后，最终冷水溢出形成瀑布。

由于海底瀑布倾下的冷水会与较热的水混合并很快扩散，这样就能促使北极海区低温、含盐量大的海水向赤道附近的暖区流动。

此外，根据海洋学者在大西洋的考察，近年来还发现了其他一些海底大瀑布，它们是：冰岛法罗瀑布、巴西深海平原瀑布、南设得兰群岛瀑布和直布罗陀海峡瀑布等。

人们早在100多年前就指出在有限的海洋区域的巨大深度上有着规模宏大的海底瀑布。

20世纪60年代以后，由于出现了电子仪器，才得以对这种世界奇观的存在进行核实。

　　科学考察发现，海底瀑布是海水对流的直接结果，大块流体运动驱使热量转移。同时，由海底垂直地形引起的海水下降流动。它在维持深海海水的化学成分和水动态平衡中起着决定性作用，并且影响着世界气候变化和生物生长。

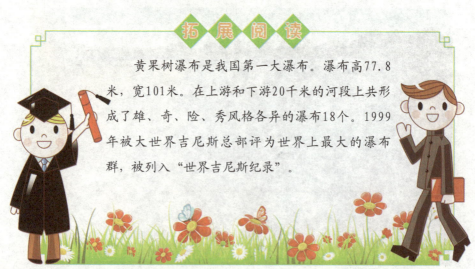

拓展阅读

　　黄果树瀑布是我国第一大瀑布。瀑布高77.8米，宽101米。在上游和下游20千米的河段上共形成了雄、奇、险、秀风格各异的瀑布18个。1999年被大世界吉尼斯总部评为世界上最大的瀑布群，被列入"世界吉尼斯纪录"。

海底地震和火山

　　海底地震是对航行在海上的人们的又一大威胁。1959年春，苏联客货轮"库鲁"号在堪察加沿海海域航行时突然受到震动，好像有只大铁锤不停地敲打船底，每打一次，船身就剧烈地抖动一下，船上的舵轮、雷达全部失灵，罗盘也出了故障。海面上腾起无数水柱，周围一片白色的泡沫。

　　1964年3月21日，美国阿拉斯加地震发生时，苏联"坚定

号"救护船正在距安克雷奇市463千米的公海上航行。

它在5分钟之内竟受到3次剧烈的震动，就好像全速前进的船只猛地撞上了礁石一般。

在海底地震中，船只损失的大小取决于地震的强度，也取决于船只与震中之间的距离。

科学家认为，由海底传递到海面的地下震动，在震源地区感觉最明显，5级至6级的地震便可以毁坏船体，掀掉锅炉和发动机。

对停留在港内的船只来说，最危险的则是海底地震造成的海啸。地壳急骤升降，迫使几千米长的水柱发生运动，在海水上层形成巨大而迅猛的波浪，当波浪涌进浅水海域时，浪头骤然增高，速度放慢，像一面墙一样倾倒在岸上。

海底火山爆发也常常给海上的船只带来惨重的灾难。1952

年9月23日，东京南416.7千米的一座礁石附近火山爆发。

首先来到这里的一艘日本海上防卫厅的考察船发现海面上出现了一个新岛，海拔30米，直径为150米。

几天之后，小岛却消失了，但火山口还在继续喷射，火山熔岩流入海里，蒸汽变成云彩升上天空。这时，东京渔业研究所的一艘水文考察船又驶近火山爆发区，正当船上的人员开始摄影、测定火山威力、选取当地水土样品时，第二次火山爆发，考察船当即被蒸汽和灰烬吞没了。火山喷射物散落以后，海面上再也不见船的踪影。直至过了很久，船的残骸才被找到。

全世界的活火山有500多座，其中在海底的有近70座。海底活火山主要分布在大洋中脊和太平洋周边区域。

　　我国陆地上的火山已经有较多记载，如雷琼火山群、长白山火山、藏北火山及大同火山群等。在我国海底同样有火山存在。

　　台湾自8600万年前就开始有火山活动，断断续续的火山活动在台湾岛的北端、东边和南部留下了不同时期喷发的火山。

拓 展 阅 读

　　西沙群岛的高尖石是海底火山的露头。高尖石位于西沙群岛东部东岛的西南方14千米的东岛大环礁西缘。它的面积不足300平方米，呈4级阶梯状。科学家在岩石鉴定中发现，火山碎屑岩中夹有珊瑚和贝壳碎屑。

海底火山的分布

你也许看到过陆地上的火山，并且看到了火山喷发的壮观场面，但是，你看到过海底火山喷发的场景吗？

所谓海底火山，就是形成于浅海和大洋底部的各种火山。有一些是死火山，而有一些则是活火山。

海底火山的分布相当广泛，大洋底散布的许多圆锥山都是它们的杰作，火山喷发后留下的山体都是圆锥形状。全世界共

有海底火山20000多座，太平洋就拥有一半以上，是地球上火山最多、最密集的地方。

因而，太平洋海底多有火山喷发，并且围绕着太平洋形成了一个火山带，从阿拉斯加向西经阿留申群岛、日本列岛、我国台湾岛、菲律宾到新西兰，一共有370座活火山，占全世界活火山总量的75%。

太平洋中部有一条火山链，即从堪察加半岛经帝王群岛、夏威夷群岛向南一直至土阿莫土群岛，长度有10000多千米，这一连串的海岛都是火山岛。

太平洋西部海底有许多分散孤立的海底火山，就像繁星一样布满了西部海底。

在水较浅、水压力不大的情况下，海底火山喷发时甚为壮观，产生大量的水蒸气、二氧化碳及一些挥发性物质，还有大量火山碎屑物质及炽热的熔岩喷出，在空中冷凝为火山灰、火山弹、火山碎屑。

　　我们知道，日本是火山多发的国家，其海底的火山也是非常活跃的，海底火山多是爆炸性的海底火山。日本小笠原岛的海底火山活动十分剧烈。从1973年4月开始，它就在水深100米的海底爆发，使海水变黄，海面冒烟、喷火、喷水、喷碎石。它每隔几分钟喷发一次，喷出的火山碎屑可高达200米，烟柱有1500米高，而后从海底逐渐长出一个火山岛。

　　与日本附近的海底火山不同的是，夏威夷海底火山喷发是一种宁静式的，大量熔岩流从火山口流出，像一条火龙沿海底流动，沸腾的海水喷出一股股强劲的蒸汽柱。

　　夏威夷群岛是太平洋中部火山链中一部分，它是由于海底火山喷发，火山不断扩大加高，终于露出海面而形成的火山岛，岛屿四周海底深5000米，而岛上的火山顶可达4000多米，也就是说这座火山的总高度达到9000米。

拓 展 阅 读

　　地幔柱是从软流圈或下地幔涌起并穿透岩石圈而形成的热地幔物质柱状体。它在地表或洋底露出时就表现为热点。热点上的地热流值高于周围广大地区，甚至会形成孤立的火山。地幔柱估计至少来自700千米或更深处。

海洋台风的风威

人们有时会在热带洋面上发现一种状如蘑菇的强烈气旋，其直径通常在几百千米以上，云层高度在9000米以上。这就是台风。它带来的涌浪、暴雨和风暴潮对海上航船和海岸设施破坏极大。

台风就像是在流动江河中前进的旋涡一样，一边绕自己的

中心急速旋转，一边随周围大气向前移动。

就像温带气旋一样，在北半球热带气旋中的气流绕中心呈逆时针方向旋转；在南半球则相反。在靠近热带气旋的中心，气压越低，风力越大。

但是，发展强烈的热带气旋，如台风，其中心却是一片风平浪静的晴空区，即台风眼。

在热带海洋上发生的热带气旋，其强度差异很大。1989年以前，我国把中心附近最大风力达到8级以上的热带气旋称为"台风"，将中心附近最大风力达到12级的热带气旋，称为"强台风"。

由以上定义不难看出，热带气旋是热带低压、热带风暴、强热带风暴和台风的总称。但由于热带低压破坏力不强等原因，习惯上所指的热带气旋一般不包括热带低压。

热带气旋的生成和发展需要巨大的能量，因此它形成于高温、高湿和其他气象条件适宜的热带洋面。据统计，除南大西洋以外，全球的热带海洋上都有热带气旋生成。

大多数的热带低压，并不能发展为热带风暴，也只有一定数量的热带风暴能发展到台风强度。台风之间的强度差异也很大，有的强风中心附近最大风速为每秒35米，但中心附近最大风速超过每秒50米的台风也不鲜见。

如在浙江省瑞安登陆的9417号台风，登陆时其中心附近的最大风速，就达每秒45米。

热带气旋的生命史可分为生成、成熟和消亡3个阶段。其

生命期一般可达一周以上。有的热带气旋在外界环境有利的情况下，生命期可超过两周。当热带气旋登陆或北移到较高纬度的海域时，因失去了其赖以生存的高温高湿条件会很快消亡。

热带气旋灾害是最严重的自然灾害，因其发生频率高于地震灾害，故累积损失也高于地震灾害。

拓展阅读

飓风和台风都是指风速达到33米/秒以上的热带气旋，只是因发生的地域不同，才有了不同名称。生成于西北太平洋和我国南海的强烈热带气旋被称为"台风"；生成于大西洋、加勒比海以及北太平洋东部的则被称为"飓风"。

可怕的海龙卷

海龙卷是一种发生于海面上的龙卷风，俗称"龙吸水"。它的上端与雷雨云相接，下端直接延伸到水面，一边旋转，一边移动。如果船只和飞机遇到海龙卷，很快就被卷得无影无踪。

由于特殊的气象条件，其持续时间比陆上龙卷风要长，强度也较大，但其直径比陆龙卷风略小，常以海龙卷风群的方式出现。

　　1982年秋至1983年初夏发生厄尔尼诺现象期间，由于海面温度高出许多，海上的对流大大加强，墨西哥湾的海龙卷群出现特别频繁。

　　1983年5月墨西哥湾出现的海龙卷群在海上肆虐一番后，夹带着狂风暴雨直袭美国南部的地区。登陆后威力不减，摧毁民宅、厂房、汽车和树木，造成100多人伤亡。

　　从美国南部到东北部持续4天时间，狂风大作的同时，还下起滂沱大雨，洪水泛滥，其造成的灾害不亚于飓风。可见，在海上的船只如遇上海龙卷，其后果是难以想象的。

　　据此有人推论，在海上出现的几个著名危险三角区有可能是海龙卷在作祟。

　　海龙卷风一般的运动规律是以每小时50千米的速度沿直线

运动，运动过程中上部会因气流的原因向特定方向倾斜，同时会发生壮观的"龙吸水"景象。

海龙卷的破坏力表现在它能把海上船只吸入其中，对航行影响较大，号称"风霸王"。

海龙卷群中最成熟的要数"母龙卷气旋"，它是由多个龙卷气旋组成的，它的作用范围在10千米至20千米，其威力属海龙卷之首。

海龙卷群中最年轻的就是吸管涡旋，它的尺度不超过30米，但是破坏力却非常大，有时比台风的威力还大，主要是它那涡旋轴范围小气压梯度特别大，压力差可达20百帕以上，为台风内部平均气压差的几百倍甚至上千倍，因此其内部风速极大，多在每秒100米以上，要比台风大几倍，所到之处常能造成极严重的灾害，海龙卷能把海上船只和海水吸到空中。

更有趣的是1949年南半球的夏天，新西兰下了一场"鱼

雨"，鱼从天而降，使当地的居民惊诧不已。后来人们才知道，这就是海龙卷从海洋里吸入了大量的鱼造成的。

由此可以看出，海龙卷的破坏力特别巨大，使得人们听到它的名字都毛骨悚然。

拓 展 阅 读

陆龙卷是环绕着一个真空中心旋转的风。它具有强大的破坏力，是疾风和低气压联合造成的结果。它卷起的稻草能戳穿木板和树干。漏斗形旋风能轻易把大树连根拔起，摧毁整座建筑物。

无风也会起浪

"无风三尺浪",是人们对海洋的描绘。这不是同"无风不起浪"相矛盾了吗?不,在广阔的海洋上,即使在无风的日子里,大海也会在那里波动着。

这是什么道理呢?原来,风虽然停了,大海的波浪还不会马上消失。何况,别处海域的风浪也会传播开来,波及无风的海面。"风停浪不停,无风浪也行。"这种波浪叫涌浪,又叫长浪。

　　比起风浪来，涌浪一起一落的时间长，波峰间的距离大，波形又圆又长，较有规则，波速很大，能日行千里，远渡重洋。西印度群岛小安得列斯群岛的居民常常会发现高达6米多的激浪拍打岸边，时间长达连续两天或更长的时间。

　　奇怪的是，这时加勒比海并没有什么风暴，这又是为什么呢？后来，科学家经过长期观察和研究，发现这是来自大西洋中纬地区传来的风暴涌浪。

　　狂风会造成海水涌积，同时风暴的低气压区海域海面受了压力影响，海水也会暂时上升。

　　当台风风速同潮水波浪的推进速度接近时会产生共振作

用，推波助澜，把涌浪越堆越高。

当大涌浪传到近海岸时，由于岸边水浅，波浪底部受海底的摩擦，波峰比波谷传播得快些，波峰向前弯曲、倒卷，水位猛烈上升，甚至冲上海岸，席卷岸边的建筑物和船只，造成灾难。

海上风暴引起的涌浪传到风力平静或风向多变的海域时，因受空气的阻力影响，波高减低，波长变长，这种波浪的传播速度比风暴中心的移动速度快得多。

如果说风浪可以追赶军舰的话，那么涌浪就可以同快艇赛跑并夺魁了。

因此，涌浪总是跑在风暴前头。"无风来长浪，不久狂风降。"这是在我国沿海渔民之中流传的谚语，也是观天测海经

验的概括。

　　日本群岛海岸在涌浪的袭击下有1000多户房屋被卷走，两亿公顷土地被淹没，甚至渔船被掀到岸上。

　　看来，"无风三尺浪"的确如此。因而，我们尽量不要在涌浪多发的地区观光、玩耍，以免发生危险。

拓展阅读

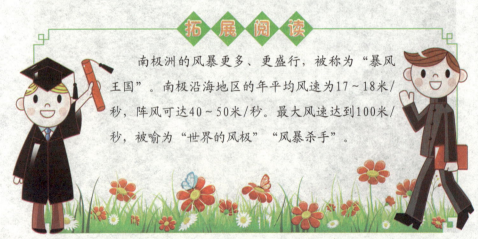

　　南极洲的风暴更多、更盛行，被称为"暴风王国"。南极沿海地区的年平均风速为17～18米/秒，阵风可达40～50米/秒。最大风速达到100米/秒，被喻为"世界的风极""风暴杀手"。

恐怖的海上水墙

　　水墙是海啸时产生的巨浪，海啸是由风暴或海底地震造成的海面恶浪，并伴随巨响的现象，是一种具有强大破坏力的海浪。

　　1896年6月15日的傍晚，微风习习，天气晴好。在日本本州岛三陆的沿海村镇，人们正聚集在广场上载歌载舞地欢庆当

地的一个喜庆节日。

突然，大地发出"隆隆"的响声，剧烈地颤动起来，仿佛有一列装甲车从他们身旁经过。人们知道，这是远处什么地方发生了地震，并波及此处。但由于震动不太强烈，没有引起人们的注意，大家照旧唱歌跳舞。

不料20分钟后，奇怪的现象发生了。只见海水迅速退下去，许多从未露过面的海底礁石露了出来。紧接着，海里"轰轰"地响了起来，由远及近，好似千军万马奔腾而至。

海面上突然出现一道有30米高的水墙，呼啸着朝岸上的人们冲来。人们一个个目瞪口呆，面面相觑，不知所措。

"快跑啊，水墙压上来啦！"不知谁大喊一声，人们这才如梦初醒，惊慌地掉转头拼命奔跑起来。

可是，人的两条腿怎能跑得过这道水墙？顷刻，高高的水墙就以泰山压顶之势压了过来，很快就吞噬了岸上的一切。

次日，出海的渔民们返航回村，一路上看到海面上漂浮着尸体、家具和衣物。他们心里犯嘀咕，预感到事情不好。后来，果然有人认出了自己的亲人，不禁放声大哭。

这是智利地震引起的海啸涌浪。它以时速800千米横渡太平洋，来到这些地方。

1883年，爪哇附近的火山喷发，激起的海浪高达30多米，有30000多人被波涛卷到海里。

据日本秋田大学副教授松富英夫调查，印度洋大海啸在泰国沿岸把一艘50吨重的船从海边推到岸上1200米远的地方。从有关数据来看，海啸高达两米，木制房屋会瞬间遭到破坏。海

啸高达20米以上，钢筋水泥建筑物也难以招架。

由此可见，海上水墙是多么可怕啊！我们要提前预报海啸的发生，以使海啸带来的伤害降到最低。

拓 展 阅 读

1960年5月22日下午18时许，智利爆发了强烈地震，波及15万平方千米的地区，一些岛屿和城市消失了。地震又引起海啸，智利沿岸500多千米范围内，涌浪高10米，最高达25米，使南部320千米长的海岸沉浸于海洋之中。

海啸掀起的巨浪

在海底或大陆边缘发生的地震、火山爆发、岛弧地区的滑坡、沿岸地区山崩引起的海水剧烈波动被人们称为地震海啸。

地震海啸的波长很长，短者也有几十千米，最长的可达五六百千米，而且传播速度快。在水深三四千米的大洋中，每小时可传播几十千米，有时甚至达数百千米。

　　另外，地震海啸在大洋中传播时一般波高在1米至2米，加之波长很长，所以不易被人察觉。

　　但当它传至浅海地带或近岸时，波浪叠加，波峰隆起，有的高达20米左右，最高者可达40米。

　　每当地震发生时，海底地壳的急剧升降就会迫使有几千米深的海水水柱发生运动，同时在海水上层，形成巨大而迅猛的波浪。当波浪涌进浅水海域时，浪头会骤然增高，放慢速度，此时就像一扇墙似的倒在岸上。

　　海啸波随即又夹带着它所吞噬的一切退却下去，然后再返回来。就这样一进一退，数次往返，犹如摧枯拉朽，一切障碍物都会被荡涤一空。

　　海啸的特征之一是速度快，地震发生的地方海水越深，海啸的速度越快。

日本产业技术综合研究所活断层研究中心负责人佐竹健治说："海水越深，因海底变动涌动的水量越多，因而形成海啸之后在海面移动的速度也越快。"

在遥远的海面移动时不为人注意，以迅猛的速度接近陆地，形成巨大的水墙。人们发现它时，再逃为时已晚。

因此，专家告诫人们，一旦发生地震要马上离开海岸，到安全的地方。

海啸由地震引起的海底隆起和下陷所致。海底突然变形，致使从海底到海面的海水整体发生大的涌动，形成海啸袭击沿岸地区。由于海啸是海水整体移动，因而和通常的大浪相比破坏力要大得多。

受台风和低气压的影响，海面会掀起巨浪，虽然有时高达

数米，但浪幅有限，由数米到数百米，因此冲击岸边的海水量也有限。而海啸就不同了，虽然海啸在遥远的海面只有数厘米至数米高，但由于海面隆起的范围大，有时海啸的宽幅达数百千米。

　　这种巨大的海啸产生的破坏力严重危害岸上的建筑物和人的生命。

拓展阅读

　　1958年7月9日，太平洋沿岸理里湾发生了海啸。高达几十米的巨浪冲上海岸，发出震天的响声。海啸过后，一个高9米、宽800米的悬崖坍落海中，四周山坡上的树木被连根拔起。

太平洋上的珊瑚海

西南太平洋上的珊瑚海是个半封闭的边缘海。它在澳大利亚大陆东北与新几内亚岛、所罗门群岛、新赫布里底群岛、新喀里多尼亚岛之间，水域辽阔，一望无垠。

珊瑚海地处南半球低纬地带，全年水温都在20摄氏度以上，最热月水温达28摄氏度，是典型的热带海洋。由于几乎没有河水注入，海水洁净，呈蓝色，透明度比较高，所以深水区也比较平静。

　　碧蓝的海上镶嵌着千百个青翠的小岛，周围黄橙色的金沙环绕，岛上绿树葱茏，礁上有时还会激起层层的白色浪花，在强烈的阳光照射下显得光亮夺目。

　　在小岛的岸边俯览蔚蓝色的大海，可以看到水下淡黄、淡褐、淡绿和红色的珊瑚。美丽的珊瑚丛有的形同蒲扇，有的宛如花枝和鹿角，有的好像一朵绽开的百合花，千姿百态，瑰丽动人。碧清的海水掩映着绚烂多彩的珊瑚岛群，呈现一派秀丽奇特的热带风光。

　　这里不仅有众多的珊瑚，还分布着由珊瑚的子子孙孙造就而成的成千上万的珊瑚岛礁。世界上最大的珊瑚暗礁群大堡礁绵延分布在大海的西部。珊瑚海长达2400千米，北窄南宽，从2000米逐渐扩大至150千米，总面积达80000多平方千米。

在大堡礁礁石的周围遍布着形形色色的海藻和软体动物，以及许多色彩艳丽的其他海洋生物。碧蓝的海水下面是千姿百态的珊瑚虫的乐园。

它们仿佛是一张巨大的彩色地毯，随着海水起伏、漂荡，五颜六色的热带鱼来往穿梭，构成一座巨大的水生博物馆，又像一座生机盎然的水中花园。

1979年，澳大利亚政府规划把总面积10000多平方千米的珊瑚岛屿与礁群建成世界上最大的海洋公园，供人们参观游览。

旅游者可以在岛礁上的白色帐篷里休息、娱乐，可以在滨海的金色沙滩上垂钓、散步，也可以乘坐特制的潜水器到水下亲自观赏迷人的水下世界。

　　当然，在这恬静的水面下潜伏着许多的高低起伏的暗礁，也会成为各类船舶航行的严重障碍；在景色秀丽的水下世界里，还隐藏着蓝点、海葵、火海胆等不少有毒的生物。除此之外，这里的确称得上是一个美丽的海上乐园。

拓　展　阅　读

　　新赫布里底海沟属于西南太平洋海沟。位于万那杜岛与新喀里多尼亚岛之间的珊瑚海边缘。最大深度为7650米，是珊瑚海探测到的最深点。这个海沟是由德国海军舰只于1910年首先发现的。

著名的四大洋

　　四大洋是地球上四片海洋的总称，也泛指地球上所有的海洋。你能一一说出它们的名字吗？这四大洋分别是太平洋、大西洋、印度洋和北冰洋。

　　太平洋，位于亚洲、大洋洲、北美洲、南美洲和南极洲之间。它的形状近似圆形，面积达17868万平方千米，是世界上面积最大的大洋。

　　太平洋是世界水体最深的大洋，平均深度为4028米，全球超过万米深的6个海沟全在太平洋，其中马里亚纳海沟是世界

海洋最深的地方。

在太平洋南纬40度地区终年刮着强大的西风，洋面辽阔，风力很大，被称为"狂吼咆哮的40度带"，是有名的风浪险恶海区，对来往船只造成威胁。

夏秋两季经常产生热带风暴和台风，可以掀起惊涛骇浪，连万吨海轮也会被卷进海底。

大西洋位于南美洲、北美洲、非洲之间，南接南极洲，通过深入内陆的属海地中海、黑海与亚洲濒临。

大西洋面积约为9430万平方千米，平均深度为3627米，最深的波多黎各海沟深达8605米，是世界第二大洋。

从赤道南北分为北大西洋和南大西洋。北面连接北冰洋，南面则以南纬66度与南冰洋接连。1819—1821年，人们发现了南极大陆及其周围的岛屿。

　　大西洋沿岸和大西洋中有近70个国家和地区。欧洲西部，南、北美洲的东部，非洲的几内亚湾沿岸濒临辽阔的大西洋，是各大洲经济比较发达的地区。

　　印度洋的东、西、北三面是陆地，分别是澳大利亚大陆、非洲大陆和亚洲大陆，东南部和西南部分别与太平洋、大西洋携手相连，南靠白雪皑皑的南极洲。

　　印度洋的面积为7492万平方千米，占世界海洋总面积的20%左右，是世界第三大洋。

　　这里的岛屿较少，大多分布在北部和西部，主要有马达加斯加岛和斯里兰卡岛，以及安达曼群岛、尼科巴群岛、科摩罗群岛、塞舌耳群岛、查戈斯群岛、马尔代夫群岛等。

　　北冰洋大致以北极为中心，被亚欧大陆和北美大陆所环抱。它通过格陵兰海及一系列海峡与大西洋相接，并以白令海

峡与太平洋相通。北冰洋的面积为1230万平方千米，是世界上面积最小、水体最浅的大洋。

北冰洋地处北极圈内，气候寒冷，为零下20摄氏度至零下40摄氏度，没有真正的夏季，边缘海域有频繁的风暴，是世界上最寒冷的大洋。

拓展阅读

过去，美国和西欧一些国家曾把海洋划分成7个部分，即北冰洋、北大西洋、南大西洋、北太平洋、南太平洋、印度洋和南冰洋。其中，南冰洋是国际水文地理组织于2000年确定的一个独立的大洋，成为五大洋中的第四大洋。

红色的海洋

你听说过"红海"这个海名吗？它为什么叫作"红海"呢？那里的水为什么是红色的呢？

一提起红海，人们的脑海中不免总要想到这一系列的问题。而这些问题在一般的地理书中往往是找不到答案的，因为这些问题已经不属于地理学范围，而是植物学问题了。

为什么呢？因为红海的水发红的确是由于一些特殊植物在那里作怪呀！

　　究竟是什么植物在作怪呢？是一种叫作"红色毛状带藻"的植物，把那里的海水染成了红色。

　　这种植物的个体并不大，有点儿像丝带的样子，平常生长在较深的海水中，但要周期性地浮到水面上来。

　　它的细胞中含有的红色色素较多，所以整个植物体呈现红色。无数的红色毛状带藻密集成片地浮在海水里，于是就把蔚蓝色的海水染成了红色，这就是"红海"名称的由来。

　　那么，红色毛状带藻是不是属于红藻这一家族呢？不，它属于一种叫作"蓝藻"的家族。

　　蓝藻都含有一种特殊的蓝色色素。但蓝藻也不全是蓝色的，因为它们体内含有多种色素，由于各种色素的比例不同，所以不同的蓝藻就有不同的色彩。红色毛状带藻含有的红色色素较多，所以呈现红色了。

在这里，还想顺便告诉你们一件稀奇的事：有一次，一艘轮船驶过格陵兰，海员们发现海岸上的雪是鲜红的，大家感到很奇怪，于是上岸去看看，一检查才知道那里的雪还是普通的白雪，只是在白雪上覆盖着薄薄的一层鲜红的颜色。

这层颜色是怎么来的呢？那是由一种极简单、极微小的雪生衣藻、雪生黏球藻造成的。它们小得连肉眼都看不清楚，但颜色鲜红，不怕冷，而且繁殖很快，只要几个小时就能把一大片白雪覆盖起来。

另外，还有一些黄色藻类，如勃氏原皮藻、雪生斜壁藻等，它们的细胞中含有大量溶有黄色素的固体脂肪，能把白雪

变成黄雪。

在阿尔卑斯山和北极地区常会遇到绿雪，那是由于绿藻类中的雪生针联藻等大量繁生的结果。1902年有人在瑞士高山上发现了一种褐雪，据研究，主要是针线藻造成的。至于黑雪，不过是深色的褐雪罢了。

拓展阅读

海德堡的红雪是由于那里的铁质混合物被风吹向空中，混合在雪花中形成的；挑罗台依的黑雪是由许多黑色小虫粘在雪上形成的；瑞典南部的黑雪则是由于煤屑、粉尘沾上了白雪；我国内蒙古自治区等地的黄雪是由风沙造成的。

又咸又热的红海

红海像一条长长的蜗牛，从西北至东南，横倒在亚洲的阿拉伯半岛和非洲大陆之间。北端是苏伊士湾和亚喀巴湾，中间夹着西奈半岛。

红海的中央部分的海底地形十分崎岖，这里的海槽复杂多变，海岸线参差不一，整个红海的平均深度为558米。

红海两岸陡峭壁立，岸滨多珊瑚礁，天然良港较少。由

于珊瑚礁海岸的大面积增长，使可以通航的航道变得十分狭窄，某些港口设施受到阻碍。在曼德海峡，要靠爆破和挖泥两种方式来打开航道。

红海的含盐度高达41%至42%，深海海底有些地方甚至在270%以上，这几乎达到了饱和溶液的浓度，是海水平均含盐度35%的8倍左右，居世界之首。

红海之所以称为"红海"，是由于红海中繁殖着大量红色的海藻，因此那里的海水看起来是红棕色的，所以叫它红海。

另外，红海的得名还与气候变化有关。

红海海面上常有来自非洲大沙漠的风，送来一股股炎热的气流和红黄色的尘雾，使天色变暗，海面呈现出暗红的颜色，所以称为红海。

红海最奇特的地方莫过于"热"了。地球海洋表面的年平均水温是17摄氏度，而红海的表面水温8月份达27摄氏度至32摄氏度，即使是200米以下的深水，也达21摄氏度。更为奇怪的是在红海深海盆中，水温竟高达60摄氏度！

红海地处北回归线高压带控制的范围，腹背受北非和阿拉伯半岛热带沙漠气候的影响，气候终年干热，所以水面经常是热乎乎的。

红海又咸又热是什么造成的呢？

那是因为红海地处热带、亚热带，那里的气温高，海水蒸发量大，而且降水少，年平均降水量还不到200毫米。红海两岸没有大河流入，在通往大洋的水路上，有石林岛及水下岩岭，大洋里稍淡的海水难以进来，红海中较咸的海水也难以流出去。

另外，海底深处还有好几处大面积的热洞。大量岩浆沿着地壳的裂隙涌到海底。岩浆加热了周围的岩石和海水，导致深层海水水温比表层高。

热气腾腾的深层海水泛到海面，加速了蒸发，使盐的浓度越来越高。因此，红海的水就比其他地方的海水咸。

拓展阅读

我国最热的地方是吐鲁番盆地，以炎热干燥闻名于世，素有"火洲"之称。这里最高温度曾达到47.7摄氏度，地表温度高达75.8摄氏度，因而当地民间就流传着"沙窝里蒸熟鸡蛋，石头上烤熟面饼"的说法了。

未来的大洋

红海是世界上最热、海水含盐度最高的海域。当然，它也是充满神奇色彩的海域。在这片清澈碧蓝的海水下面生长着五颜六色的珊瑚和稀有的海洋生物。远处层林叠染，连绵的山峦与海岸遥相呼应，之间是适宜露营的宽阔平原，这些鬼斧神工的自然景观和冬夏都非常宜人的气候共同组成了美轮美奂的风

景画。

　　但是有科学家们预言，这些美景有可能消失，因为这里将会变成未来的大洋。加拿大著名地质学家预言，在若干万年之后，一个新大洋有可能在红海地区出现，这可能是世界第五大洋。新大洋有可能把完整的非洲大陆分裂为东西两部分。

　　法国地质学家肖克罗内把海底扩张形象地比作以两端拉长的一块软糖，被越拉越薄的地方成了中间低洼区，最后破裂，而岩浆就从那里喷出，并把海底向两边推开。

　　19世纪末，英国地质学家格雷戈里也曾有过类似的预言，并且形象地描述了非洲东非大断裂的情景。东非大断裂不断扩大，而且北部狭长的断裂带已经成为红海。

　　现代研究结果证明，大洋的形成是中央海岭裂谷活动的结果。而东非大裂谷的红海、亚丁湾为全球大洋中的巨型裂谷"中央海岭"的一个分支，因而将来完全有可能扩展为新的海洋。

目前，埃塞俄比亚境内的阿法尔凹陷断裂地区断裂层活动进入了活跃期，英国伦敦大学、牛津大学和埃塞俄比亚的亚的斯亚贝巴大学的地质学家们在阿法尔沙漠对包括一次火山喷发在内的所有活动实施密切监控。

据资料显示，本来60千米长的阿法尔断层竟然在3周内又开裂了8米多长的口子。

埃塞俄比亚阿法尔地区是非洲构造板块与阿拉伯构造板块的交界处，随着阿法尔断层继续开裂以及岩浆的加剧涌出，连在一起的非洲板块和阿拉伯板块将最终被推开，并渐行渐远。

这样，一个新的大洋盆地将在两板块中间产生，人们将看到一个新的广阔的洋面。

阿法尔断层的活动将导致红海海面的拓宽。随着非洲、阿

拉伯板块的分离，红海海水将填满两板块中间的空间，红海海域也将向南延伸。

这样一来，属于非洲却地处阿拉伯板块的厄立特里亚和埃塞俄比亚东北部将被分隔出去，成为新大洋中间的孤岛。地质学家认为，一个新的大洋正在以缓慢的速度诞生。

拓展阅读

红海拥有众多美丽的珊瑚、五颜六色的鱼类及各种珍奇的海洋生物，海底资源丰富，海水清澈，能见度高，是世界上最适宜开展潜水运动的场所之一。由于红海沿岸浪柔沙软，波澜不惊，也是开展水上休闲运动的绝佳场所。

巨大的水库地中海

　　在亚、欧、非三大洲之间的地中海宛如一个巨大的水库，镶嵌在陆地之中，东西长约4000千米，南北最宽约1800千米，总面积达250万平方千米，是世界上最典型的陆间海。

　　地中海多半岛、岛屿、海湾和海峡。北部的海岸线十分曲折，南欧三大半岛向南突入海中，南部的海岸线则比较平直。

　　地中海有西西里岛、撒丁岛、科西嘉岛、克里特岛、马耳他岛等众多岛屿。

　　地中海的平均深度为1500米，最深的地方达4594米，海底地貌起伏不平，海岭和海盆交错分布。以亚平宁半岛、西西里岛到非洲突尼斯一线为界，分为东西两部分，其中东地中海的面积要比西地中海大得多。

　　西地中海在科西嘉岛和撒丁岛以西的海域叫作巴利阿里海科西嘉岛和撒丁岛以东的海域叫作第勒尼安海。

　　东地中海也被半岛和岛屿分成若干海域。亚得里亚海位于亚平宁半岛和巴尔干半岛之间，形状狭长，海水较浅。

　　从亚得里亚海过奥特朗托海峡，往南是爱奥尼亚海，海盆宽广，深度较大，一般水深3000米至4000米，地中海的最深点就在这个海域。

　　巴尔干半岛与小亚细亚半岛之间是爱琴海，海岸线曲折，岛屿星罗棋布。小亚细亚以南为利万特海。

地中海的北岸是南欧高峻的阿尔卑斯山系，南岸是非洲干燥的撒哈拉沙漠，注入地中海的大河只有非洲的尼罗河和意大利的波河，仅占地中海水总补给量的5%。

地中海所处地区是地中海型气候，夏季炎热干燥，蒸发十分强烈，蒸发量大大超过降水量和河水的补给量。

据计算，一年之内的蒸发量可使海水面降低1.5米，如果封闭直布罗陀海峡，地中海将在3000年左右完全干涸。但是，地中海至今依然活着，这是因为它有特殊水体交换的缘故。

地中海海水的含盐度较高，而临近的大西洋水含盐度较低。盐度高的地中海海水因比较重而下沉，从直布罗陀海峡底部以每秒168万立方米的流量流入大西洋；盐度低的大西洋水

轻而上浮，通过海峡以每秒175万立方米的流量注入地中海。

　　两股方向相反的海流大致在海峡125米处分界，上下分明，互不干扰。这样，地中海从大西洋多赚了每秒70000立方米的水，补充了蒸发掉的水分。

拓展阅读

　　地中海在海洋交通上具有十分重要的意义。它西经直布罗陀海峡可通向大西洋，东北经达达尼尔海峡、马尔马拉海和博斯普鲁斯海峡与黑海相连，东南经苏伊士运河出红海可达印度洋。

有趣的死海

死海位于约旦和巴勒斯坦交界处，是世界上最低的湖泊，湖面海拔-422米，死海的湖岸是地球上已露出陆地的最低点，湖长67千米，宽18千米，面积为810平方千米。

死海也是世界上最深的咸水湖，最深处达380米，最深处湖床海拔-800米，湖水盐度达每升300克，为一般海水的8.6倍，也是地球上盐分居第二位的水体，只有吉布提的阿萨勒湖的盐度超过死海。

在这个内陆湖里，不仅没有鱼虾，甚至连四周湖岸也没有任何植物。鱼儿顺着约旦河遨游，只要接触到湖里的水，就会立即死去。人们只要尝尝这里的水，舌头就会感到一阵刺痛。湖面上盐柱林立，有些地方则漂浮着盐块，好像破碎的冰山。由于含盐量高，水中的鱼类又不能生息，沿岸草木也比较少，故有"死海"之名。

关于死海，流传着这样一个故事：公元70年，古罗马的军队包围了耶路撒冷城。有个叫狄度的统帅为了惩罚那些敢于反抗的人，命令部下将奴隶们投进死海。奇怪的是，这几个奴隶就是不往下沉。狄度又几次命令把奴隶们抛进死海里，结果还是漂了回来，狄度以为有神灵在保佑他们，终于将他们赦免了。

死海里有什么秘密呢？人为什么被抛进死海后而不会被

淹死呢？

　　原来，物体在水里是沉还是浮同密度有关系。人身体的密度比水稍大一些，所以人掉到河里就会沉下去。死海的水含盐量高达30%，这种水的密度大大超过了人体的密度，所以人就不会沉入死海。

　　人既然不能在死海里淹死，那是不是就可以在死海里游泳、戏水呢？

　　不可以的，死海是不准许人们"为所欲为"的。你想击水前进时，它会使你立即失去平衡，毫不客气地将你翻转过来；任何游泳好手都无法施展本领。

　　死海是"旱鸭子"的乐园，从未游泳过的人尽可放心地仰卧水面，伸开四肢，随波漂浮。风平浪静时人们可以在水面上仰面捧读，享受在其他江河湖海中所不能得到的乐趣。

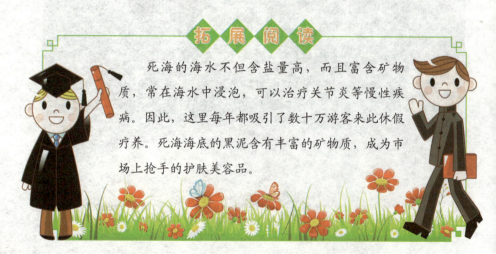

拓 展 阅 读

　　死海的海水不但含盐量高，而且富含矿物质，常在海水中浸泡，可以治疗关节炎等慢性疾病。因此，这里每年都吸引了数十万游客来此休假疗养。死海海底的黑泥含有丰富的矿物质，成为市场上抢手的护肤美容品。

没有咸味的波罗的海

　　波罗的海是欧洲北部的内海，北冰洋的边缘海，大西洋的属海。它的四周几乎被陆地环绕，只有西部通过厄勒海峡、卡特加特海峡和斯卡洛拉克海峡等与北海相通。

　　波罗的海原是冰河时期结束时斯堪的纳维亚冰原溶解所形成的一片汪洋的一部分，大水向北极退去，地面下陷部分积贮的水域形成此海。

　　波罗的海是地球上最大的半咸水水域，相当于我国渤海面

积的5倍。它的最深处位于瑞典东南海岸与哥特兰岛之间，水深超过459米。它的海底有许多被浅脊隔开的海盆。

波罗的海是北欧的重要航道，它通过北海—波罗的海运河与白海相通，通过列宁伏尔加河—波罗的海水路与伏尔加河相连，沿岸较大的港口有圣彼得堡、斯德哥尔摩、罗斯托克等。

波罗的海是世界上盐度最低的海域，这是因为波罗的海的形成时间还不长，这里在冰河时期结束时还是一片被冰水淹没的汪洋。后来冰川向北退去，留下的最低洼的谷地就形成了波罗的海，水质本来就较好。

另外波罗的海为海区闭塞，与外海的通道又浅又窄，盐度高的海水不易进入；加之波罗的海纬度较高，气温低，蒸发微弱；这里又受西风带的影响，气候湿润，雨水较多，四周大小

250条河流注入，年平均河川径流量为437立方千米，是波罗的海的淡水集水面积，约为其本身集水面积的4倍。

因此波罗的海的海水就很淡了。海水含盐度只有0.7%至0.8%，大大低于全世界海水平均含盐度。

由于气候寒冷蒸发量少，几乎四周环陆，因而海水浅而淡，容易结冰。

另外，波罗的海位于温带海洋性气候向大陆性气候的过渡区，全年以西风为主，秋冬季常出现风暴，降水颇多。又因地处中高纬度，蒸发较少，周围河川径流总量丰富等有利条件，使得海水的含盐量较低。

波罗的海的海水含盐度自出口处向海内逐渐减少，大贝尔

特海峡和小贝尔特海峡海水含盐度为15‰，波的尼亚湾一般为4‰至5‰。当流入的大西洋海水增加时，西部的盐度可增加到20‰。波罗的海深层海水盐度较高，是由于含盐度较高的北海海水流入所致。

拓 展 阅 读

波罗的海含盐量少，动物的数量丰富，但种类贫乏。除了大西洋鲱鱼的亚种以外，主要鱼类还有鲲鱼、鳕鱼、比目鱼、鲑鱼、鲽鱼、鳗、白鱼、鸦巴沙、淡水鲈鱼等，还有从浅水中取得食物的波罗的海海豹等。

里海不是海

"里海"，一听到这个名字，你一定以为里海是海。其实，里海不是海，而是一个湖。因为里海是不通海洋的陆地上蓄水的天然洼地，所以说它是湖，而且它是属于亚洲的湖泊。

里海位于亚欧两洲之间，南面和西南面被厄尔布尔士山脉和高加索山脉环抱，其他几面是平原和低地。它的东、西、北三面湖岸属俄罗斯，南岸在伊朗境内。

里海的水源补给主要来自伏尔加河、乌拉尔河，以及地下水和大气降水。伏尔加河水带来进水量的70%左右，是里海最重要的补给来源。

里海位于荒漠和半荒漠环境之中，气候干旱，蒸发非常强烈。而且进得少，出得多，湖水水面逐年下降。较之往年，现在湖面积大大缩小。

因为水分大量蒸发，盐分逐年积累，湖水也越来越咸。由于北部湖水较浅，又有伏尔加河等大量淡水注入，所以北部湖水含盐度低，而南部含盐度是北部的数十倍。

里海的含盐量非常高，盛产食盐和芒硝。同时，里海还是俄罗斯与伊朗之间重要的国际运输航道。

里海是一个地地道道的内陆湖。那么，它为什么被称为"海"呢？

首先，是因为它拥有一片烟波浩渺一望无际的广阔水域。它南北长1200千米，东西宽约320千米，正因为它水面辽阔，所以经常出现狂风巨浪，犹如大海波涛汹涌。

其次，湖水盐分含量高，水是咸的。这是由于它处在干燥气候地区，湖面蒸发量大致与进水量相当，有时还大于进水量，导致水面下降，使盐分连年积累，湖水越来越咸。

再次，是因为里海中存有许多和海洋生物差不多的水生动植物，像来源于北冰洋的海豹，类似地中海里的大叶藻类、虾虎鱼、银针鱼，以及深海里的海绵微生物等。

另外，里海与咸海、地中海、黑海、亚速海等原来都是古地中海的一部分，经过海陆演变，古地中海逐渐缩小，这些水

域也多次改变轮廓、面积和深度。

所以，今天的里海是古地中海残存的一部分，地理学上称为"海迹湖"，因此人们就给它起个带海的名字，叫"里海"。

拓 展 阅 读

地球上的湖泊总面积约250万平方千米，最小的湖还不到1平方千米。最深的湖泊贝加尔湖深达1620米，最浅的湖泊还不到1米深。最高的湖泊是霍尔泊湖，海拔5465米；最低的湖泊是死海，湖面比海平面低422米。

马尔马拉海的真面目

　　亚洲西部小亚细亚半岛，和欧洲东南部巴尔干半岛之间，有一个水域狭小的海，叫作马尔马拉海。

　　马尔马拉海东北面沟通黑海的博斯普鲁斯海峡，和西南面连接地中海的达达尼尔海峡，仿佛一所住宅里前庭和后院的两扇大门。因此，马尔马拉海具有完整的海域。

　　马尔马拉海形如海湾，实际上却是个真正的内海。马尔马

拉海南北的两个海峡好像地中海与黑海之间联系的两把大铁锁，具有十分重要的战略地位。马尔马拉海是欧、亚、非三大洲的交通枢纽，是大西洋、印度洋和太平洋之间往来的捷径。

马尔马拉海东西长270千米，南北宽约70千米，面积为11000平方千米，只相当于我国的4.5个太湖那么大，是世界上最小的海。海岸陡峭，平均深度为183米，最深处达1355米。

马尔马拉海在远古的地质时代并不存在，后来由于发生地壳变动，地层陷落下沉被海水淹没而形成。

由于马尔马拉海是陆地陷落而形成的，所以虽然水域不大，但深度并不小。海岸附近，山峦起伏，地势陡峻。原来陆地上的山峰和高地在海上露出水面，形成许多小岛和海岬，星星点点地散落在海面之上，构成一幅独特的风景画。

其中较大的马尔马拉岛面积为125平方千米。岛上盛产花纹美丽的大理石，图案清秀，别具一格，是古代伊斯坦布尔宫殿建筑使用的重要材料，在现代建筑中也有许多用途。"马尔马拉"就是大理石的意思，这个海域也因此与岛齐名了。

马尔马拉海由于跨域辽阔，也成了世界上强地震多发地区之一。这里水下地壳破碎，地震、火山频繁，世界著名的维苏威火山、埃特纳火山都分布在本区。

马尔马拉海海底起伏不平，海岭和海盆交错分布，以亚平宁半岛、西西里岛到非洲突尼斯一线为界，把地中海分为东西两部分。海底地形崎岖不平，深浅悬殊，最浅处只有几十米，如亚得里亚海北部，最深处可达4000米以上，如爱奥尼亚海。在有的地方，一艘航行着的船只，船头与船尾之间水深相差竟

有四五百米之多。

　　由于马尔马拉海是一个较大的陆间海，冬暖多雨，夏季炎热干燥，海水温度较高，蒸发非常旺盛，使海水含盐度高达3.9%左右，盐业生产成了沿岸各国的一项重要经济活动。

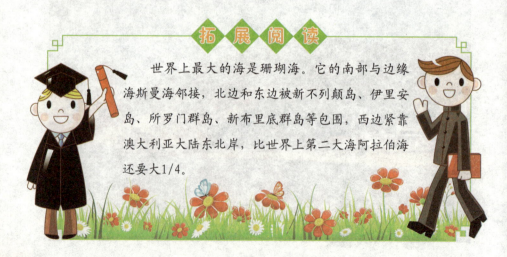

拓 展 阅 读

　　世界上最大的海是珊瑚海。它的南部与边缘海斯曼海邻接，北边和东边被新不列颠岛、伊里安岛、所罗门群岛、新布里底群岛等包围，西边紧靠澳大利亚大陆东北岸，比世界上第二大海阿拉伯海还要大1/4。

海底河谷的模样

在许多浅海海底可以发现有蜿蜒曲折的水下河谷，有趣的是它们可以同陆地河谷相对应。

北美的哈德逊水下河谷就很明显，它沿东南方向伸到大西洋底，顶端是浅平的半圆形，向"下游"逐渐变深。

在东南亚，苏门答腊与加里曼丹之间的大陆架上有着树枝

状的水下河谷系统，一条向北流，一条向南流，两条水下河谷的海底"分水岭"，就是两片微微上凸的海底高地。这两条水下河谷底部都是慢慢地向下游倾斜的，它们的横剖面与平面外形同陆地上的河谷简直一模一样。

在地图上，易北河、莱茵河都是分开单独入海的，如果把它们的水下河谷连接起来，那么它们入海后通过各自海底的河谷，向北延伸，最后会汇合一起注入北海。

从法国、英国注入大西洋的河流不少是同海底水下河谷相连接的，甚至英吉利海峡本身就是一条通向大西洋的海底谷地。

如果把大陆架海域的水全部抽光，使大陆架完全成为陆地，那么大陆架的面貌与大陆基本上是一样的。

多年来，科学家利用海洋探测技术对海底和陆地不断地进行探测研究，发现了海底河谷与陆地河谷相似的秘密。原来这同大陆架的形成有密切的关系。

大陆架在很久以前曾经是陆地的一部分，只是由于地壳运动，使陆地下沉，海平面上升，陆地边缘的这一部分，在一个时期里沉溺在海面以下，成为浅海的环境。

另外，海浪长期对海岸冲刷、侵蚀，产生海蚀平台，淹没在水下，形成大陆架。

在大陆架上有流入大海的江河冲积形成的三角洲。在大陆架海域中，到处都能发现陆地的痕迹。

泥炭层是大陆架上曾经有茂盛植物的一个印证。泥炭层中含有泥沙，含有尚未完全腐烂的植物枝叶，有机物质含量

极高。

在大陆架上还能经常发现贝壳层，许多贝壳被压碎后堆积在一起，形成厚度不均的沉积层。大陆架上的沉积物都是由陆地上的江河带来的泥沙，而海洋的成分却很少。

拓展阅读

　　海底扇形谷：这种海底峡谷谷口向外扩展，由大量的沉积物质构成，沉积呈扇面形，在许多情况下，这是海底峡谷谷底的延伸。扇形谷的另一特征是谷壁两侧陡峻，一般高度在200米左右。

海岛的形成

　　在茫茫的大洋上，碧波里涌出一片片陆地，人们称之为"海岛"。是什么力量造就了这些岛屿？尽管海岛的面貌千姿百态，但人们仍然能够找到其中的规律性。

　　它们万变不离其宗，或是从大陆分离出来，或是由海底火山爆发和珊瑚虫构造而成。前者姓陆，地质构造与附近大陆相似；后者姓海，地质构造与大陆没有直接联系。据此，海岛分

成大陆岛、火山岛、珊瑚岛、冲积岛四大类型。

　　大陆岛是大陆向海洋延伸露出水面的岛屿。世界上比较大的岛基本上都是大陆岛，它的形成有三种原因。

　　因地壳运动，中间接合部陷落为海峡，原与大陆相连的陆地被海水隔开，成了岛屿。世界上最大的格陵兰以及伊里安、加里曼丹、马达加斯加等岛，都是这样形成的。

　　冰碛物形成的小岛。远古冰川活动时期，冰川夹带大量碎屑在下游堆积下来，后来气候回暖，冰川消融海面上升，冰碛堆未被淹没成了岛屿。挪威沿岸、美国和加拿大东部交界处沿岸的小岛就是这样形成的。

　　海蚀岛。它非常靠近大陆，两者高度一致，仅仅中间隔着一道狭窄的海峡，那海峡是海浪经年累月冲蚀的结果。这类岛屿为数不多，面积也很小。

火山岛是海底火山露出水面的部分，岛貌峻拔，与大陆岛、珊瑚岛有明显的不同。当初，火山隐没水下，经过不断地喷发，岩浆逐渐堆积，终于高出水面。

世界第十八大岛、面积为10.3万平方千米的冰岛是由几千个海底火山喷发形成的。夏威夷群岛呈直线排列，是一列海底火山喷发形成的。阿留申群岛呈弧形排列，是呈列环状海底火山喷发而成的。

冲积岛位于大河出口处或平原海岸，是河流泥沙或海流作用堆积而成的新陆地。世界最大的冲积岛马拉若岛是世界第一

大河亚马孙河的河口岛，面积为40万平方千米，被列为世界第三十大岛。

　　加拿大东岸的塞布尔岛、美国东海岸的特拉斯角、我国的苏北沙洲都是海流加上风力堆积而成的沙滩，其位置不固定，成为航行的危险区。

拓 展 阅 读

　　海峡通常位于两个大陆或大陆与邻近的沿岸岛屿以及岛屿与岛屿之间。其中有的沟通两海，有的沟通两洋，有的沟通海和洋。全世界有上千个海峡，其中著名的约有50个。

"冰岛" 上的火山由来

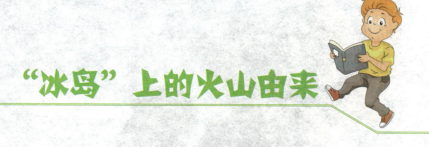

你听说过有一个叫"冰岛"的国家吗？听到这个名字，也许你会浮想联翩，冰岛是不是岛上全是冰才称为"冰岛"呢？

冰岛靠近北极圈，它以"冰"为名，听起来是个很冷的地方，其实，也不全是这样的。

冰岛大部分地区是高原和山脉，内陆还有冰川覆盖着，确实较冷，人烟稀少。全岛1/8的面积被冰川覆盖着，其中代特

纳冰原面积约为500平方千米，最厚的地方有1000米。

冰岛的主要城市大多分布在沿海地带，由于受海洋性气候的影响，夏天凉爽，冬天比同纬度的其他地区温暖。另外，由于有一股名叫"伊尔明格"的暖流环绕全岛流过，来自海洋的风把暖湿的空气带到岛上，经常同岛上的冷空气交锋。因此，它风云多变，夏凉冬暖，雨水充沛。无论什么季节，都有可能下雨和下雪。

冰岛有"火山岛""雾岛""冰封的土地""冰与火之岛"之称。其火山以"极圈火岛"而著称，共有火山200座至300座，有40座至50座活火山。1963年至1967年在西南岸的火山活动中形成了一个约2.1平方千米的小岛。

冰岛由于火山活动频繁，地下没有完全冷凝的熔岩把地下水烤得很热，然后热水沿地层的裂缝涌出来，就形成了很多温泉。

冰岛温泉的数量是全世界之冠，全岛约有250个碱性温泉，最大的温泉每秒可产生200升的泉水。

可想而知，冰岛不仅是一个冰冷的世界，同时也是一个火热的世界，那么"冰与火之岛"的美名也就不为过了。

现在我们对冰岛有了初步的了解，可是你是否知道，冰岛为什么要起一个与"冰"有关的名字呢？

在4世纪，希腊地理学家皮菲依曾称它为"雾岛"，但由于海岛远离大陆，交通不便，很少有人光临。

864年，斯堪的纳维亚航海家弗洛克踏上岛岸，此岛才真

正被发现。后来，斯堪的纳维亚人、爱尔兰人、苏格兰人纷至沓来。当这些移民的船驶近南部海岸时，首先见到的是一座巨大的冰川，即冰岛著名的代特纳冰川。人们对这个冰川留下了极深的印象，于是把该岛命名为"冰岛"。

拓 展 阅 读

冰岛属寒温带海洋性气候，变化无常。因受墨西哥湾暖流的影响，较同纬度的其他地方温和。夏季日照长，冬季日照极短。秋季和冬初可见极光。每年1月至3月是进行溜冰、雪地机车以及越野狩猎等刺激活动的最佳时间。

世界上的神秘岛屿

在海岛上，高大的椰林，软软的沙滩，呼啸的海风，这些为人们的观光创造了有利条件。但是，有的时候也会出现一些古怪的现象，并且会披上神秘的色彩，让你惊讶不已！

世界上有许多地方都曾出现过神秘岛，那么它们都是些什么样的岛呢？

"死神岛"对大家来说并不是一个陌生的名字，它就是位于加拿大东岸的世百尔岛，是一个不毛孤岛。岛上没有任何动

物和植物，只有坚硬无比的青石头。

据说每当船只驶近小岛附近，船上的指南针便会突然失灵，整艘船就像着了魔似的被小岛吸引过去，使船只触礁沉没，好像有死神在操纵，因此得了个绰号"死神岛"。

在太平洋中，有一个方圆不过几千米的荒漠小岛，人们称它为"哭岛"。无论白天黑夜，这个小岛都会发出"呜呜"的声音，有时像众人号啕，有时像鸟兽悲鸣，给过往船只蒙上了一种奇怪、恐慌、悲伤的气氛，并且让人产生恐惧感。

你也许玩过陀螺，当你用鞭子不停地往一个方向抽打时，它就会高速转动起来。然而，海洋中竟出现了一个自身转动的岛，世间真是无奇不有啊！

　　加拿大东南的大西洋中有个叫"塞布尔"的岛，它是一个会"旅行"的岛。每当洋面刮大风时，它会像帆船一样被吹离原地，做一段海上"旅行"。由于海风日夜吹送，近200年来，小岛已经向东"旅行"了20千米。

　　南极海域的布维岛则更加神奇：在不受风浪的影响下也会自动行走。1793年，法国探险家布维第一个发现此岛，并测定了准确位置。但100年后一支挪威考察队登上该岛时，发现这个海岛的位置西移了2500米。

　　在南太平洋汤加王国西部的海域中，由于海底火山爆发而突然冒出一个小岛来，随着火山的不断喷发，逐渐形成一座高60多米、方圆近5000米的岛屿。

　　然而，它像幽灵一样消失在洋面上。过了几年，它又像幽灵一样从海中露了出来。这个岛多次出现，多次消失，变幻无常。由于小岛像幽灵一样在海上时隐时现，所以人们把它称为

"幽灵岛"。

在浩瀚的太平洋有一个非常奇异的小岛。有时小岛自行分离成两个小岛，有时又会自动合成一个小岛。分开和合拢的时间没有规律，少则1至2天，多则3至4天。分开时，两部分相距4米左右，合并时又成为一个整体。人们称之为"能分能合的岛"。

拓 展 阅 读

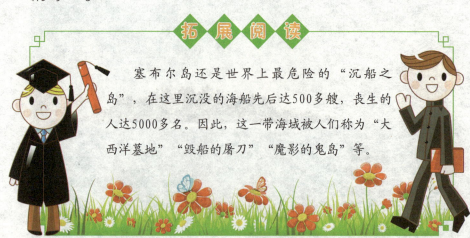

塞布尔岛还是世界上最危险的"沉船之岛"，在这里沉没的海船先后达500多艘，丧生的人达5000多名。因此，这一带海域被人们称为"大西洋墓地""毁船的屠刀""魔影的鬼岛"等。

可怕的火炬岛

    在加拿大北部地区的帕尔斯奇湖北边有一个面积仅1平方千米的圆形小岛，当地人称这一小巧玲珑的岛屿为"普罗米修斯的火炬"，简称"火炬岛"。

    17世纪50年代，有几位荷兰人来到帕尔斯奇湖，当地人叮嘱他们：千万不要去火炬岛。有位叫马斯连斯的荷兰人觉得当地居民是在吓唬他们。他认为，帕尔斯奇湖在北极圈内，即使想在岛上点上一堆火，也要费些周折，更别说人自燃了。

　　马斯连斯固执地邀了几个同伴向火炬岛进发，希望找到宝物。可是，他们一行来到小岛边时，当地人的忠告让马斯连斯的几个同伴胆怯起来，都不敢再前进半步。只有马斯连斯一人继续奋力向前划去。

　　同伴们看着马斯连斯的木筏慢慢接近小岛，心里都很担心，默默为他祷告着。时隔不久，他们突然看到一个火人从岛

上飞奔过来，一下子跃进湖里。只见水中的马斯连斯还在继续燃烧。

1974年，加拿大普森量理工大学的伊尔福德组织了一个考察组，在火炬岛附近进行调查。通过细致的分析，伊尔福德认为，火炬岛上的人体自燃是一种电学或光学现象。

这一观点遭到考察组的另一位专家——哈皮瓦利教授的反对：既然如此，小岛上为什么会生长着青葱的树木？并且，在探测中还发现有飞禽走兽。

哈皮瓦利认为，可能是岛上存在某种易燃物质，当人进入该地段后便会着火燃烧。

正因为他们都认为这种自燃现象是由某种外部因素引起的，所以他们就都穿上了用特别的绝缘耐高温材料做成的服装来到了火炬岛上。在岛上他们并没有发现什么怪异的地方。然而，就在考察即将结束时，考察组成员莱克夫人突然说她心里发热，一会儿又说腹部发烧。听她这么一说，全组人都有几分惊慌。伊

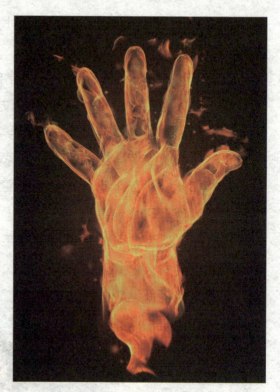

尔福德立即叫大家迅速从原路撤回。

队伍刚刚往后撤，走在最前面的莱克夫人忽然惊叫起来。人们循声望去，只见阵阵烟雾从莱克夫人的口、鼻中、手上喷出来，接着闻到一股烧焦的肉味。

待焚烧结束后，那套耐火服装居然完好无损，而莱克夫人的躯体已化为焦炭。此后，美丽的小岛更披上了一层恐惧的面纱，让好奇的人们望而却步。

拓展阅读

传说，火炬岛是由于普罗米修斯把没用的火炬扔进了北冰洋，有火焰的一端露在水面燃烧，天长日久而形成的一个小岛。在这里有一种神奇的力量，就是人一旦踏上小岛就会如烈焰般地自焚起来。

螃蟹岛的螃蟹

　　螃蟹岛位于巴西北部沿海，是一个无人居住的小岛，岛上的主要"居民"是为数众多的螃蟹，螃蟹岛也因此而得名。

　　螃蟹岛属于热带雨林气候，高温多雨，自然景观十分迷人。

　　螃蟹岛的中心地带是一个烟波浩渺的淡水湖，周围林木繁茂，郁郁葱葱，常绿不凋。

　　岛上的丛林里生活着黑褐色的森林巨蟒，体形巨大的美洲貘，还有在树林中援枝攀跳的猴子。凶残暴戾的鳄鱼出没于水沼之中，令人望而生畏。

　　螃蟹岛有一个奇怪的现象，每当夜晚来临，岛上经常出现一些奇特的强光，光芒闪烁，景况动人。

　　在这个孤零零的海岛上，滋生着各种蚊子。奇怪的是它们在白天也很活跃，成群结队地袭击动物和人。来这儿捉螃蟹的渔民必须带着用纸卷成的蚊香，点燃来驱散这些可怕的蚊子。

　　在这个海岛上，最动人的场面是螃蟹的"恋爱舞会"。

　　这在世界上也是极为罕见的奇观。

　　螃蟹交尾有固定的时日，它们总是选在满月时。

　　交尾仪式一开始，雌雄双方先是翩翩起舞，数不清的螃蟹在月光下一起踏着整齐的步伐，气氛十分热烈。众螃蟹交尾后，便纷纷钻进洞内，消失在胶泥中。

螃蟹岛的地质构成也非常奇特，岛的四周全是密实的胶泥，气味恶臭。由于胶泥深厚、柔软，上岛来的捕蟹者必须先脱掉衣服，迅速地匍匐前进，绝不能停留在一个地方，否则会深陷泥潭，不能自拔。为了安全，他们往往每6人至8人一组，集体行动。

捕蟹者都要有一种特殊的本领，先要仔细观察，发现螃蟹幽居的洞穴后，便要快速伸手按住，才能手到擒来，有所收获。

这套动作必须迅猛、果敢，并要在瞬息间完成，否则不仅捉不到肥美的螃蟹，还要吃点儿苦头。

　　为了使生态不受影响，他们总是把雌蟹留下，只把雄蟹带走。上岛捕蟹是很辛苦的，但却收获颇丰，每艘小船来岛一次可捉1500只至2000只大螃蟹。

拓 展 阅 读

　　马来西亚螃蟹岛是一个坐落于巴生港以西10000米的岛屿，又叫吉胆岛。由于岛的四周鱼群丰富，又有红树林沼泽地的生物，故吸引了许多湿地生活的禽鸟聚居于此。这里还有大量的招湖蟹，所以会以螃蟹岛的名称著称。

蝮蛇岛的蝮蛇

　　神奇的大自然供给人类空气、阳光和水，同时也给人类带来了许多不可思议的奇迹。

　　在我国辽宁省大连旅顺西北43.6千米处的渤海湾海面上有一个面积约一平方千米的岛屿。

　　岛上地势陡峭，多洞穴和灌木。就在这样一个由石英岩和石英砂岩组成的小岛上，盘踞着成千上万条蝮蛇。因而，人们称它为蛇岛。

　　蛇岛以蝮蛇的数目众多而闻名中外。当你踏上蛇岛，你就会发现：无论在树干上或草丛中，还是在岩洞里或石隙内，处处有蛇。它们蜷伏着，爬行着，有的张口吐舌，露出一副凶相。

　　这些蛇会利用各种保护色进行伪装。它们倒挂在树干上就像枯枝，趴在岩石上恰似岩石的裂纹，蜷伏在草丛间又活像一堆牛粪。

　　据统计，蛇岛上的蝮蛇有20000多条，并且每年增殖1000条左右。这种情景在世界上也是独一无二的。

　　人们不禁要问，在这弹丸之地的孤岛上，为什么栖息着这么多的蝮蛇呢？

　　蛇岛上的蝮蛇有一套上树"守株逮鸟"的本领。蝮蛇的鼻孔两侧的颊窝是灵敏度极高的热测位器，能测出0.001摄氏度的温差。

因而只要鸟停栖枝头，凡在距离一米左右，蝮蛇都能准确无误地把它逮住，获得一顿美餐。蝮蛇—鸟雀—昆虫—植物，构成了蛇岛的生物链。

我国科学工作者经过考察研究后认为，蛇岛特殊的地理位置，为蝮蛇的生存和繁衍创造了良好的环境。

首先，蛇岛上的石英岩、石英砂岩和沙砾岩中有许多大大小小的裂缝。这些裂缝既能蓄留雨水，又能为蝮蛇的穴居提供良好的场所。

其次，蛇岛位于温带海洋中，气候温和湿润。每年无霜期有180多天，是东北最暖和的地方，对植物的生长和昆虫、鸟类的繁殖极为有利。

再次，岛上土壤相当深厚，土质结构疏松，水分丰富，宜

于植物生长和蝮蛇打洞穴居。蝮蛇生性畏寒，洞穴为它们提供了越冬的条件。

最后，岛上人迹罕至，也没有刺猬等蛇类的天敌，对蝮蛇的繁衍非常有利。

蝮蛇是一种卵胎生的爬行动物，繁殖力较强，母蛇每次可产十多条小蛇，在生得多、死得少的情况下，蛇岛日益繁盛。

拓展阅读

巴西蛇岛是南美洲的一个小岛，那里是蛇的天堂，也是人类的地狱。曾经有十多个农夫不听劝阻，试图闯入，结果全部死亡。这里的蛇类有着金黄色的表皮、尖利的头部和敏锐的眼神，它们是这里的统治者。

西沙群岛的珊瑚

西沙群岛是我国南海四大群岛之一，由永乐群岛和宣德群岛组成，共有22个岛屿，7个沙洲，另有10多个暗礁暗滩。

西沙群岛地处热带中部，属热带季风气候，炎热湿润，但无酷暑，年降雨量达到了1505毫米。它也是最易受台风侵袭的地区。

西沙群岛珊瑚礁林立，有环礁、台礁、暗礁海滩。环礁和台礁上的灰沙岛共有28座，此外东岛环礁还有一座名叫"高尖

石"的火山角砾岩岛屿。

至此，有人认为西沙群岛是珊瑚堆起来的，真是这样的吗？

珊瑚的颜色丰富多彩，有的洁白如玉，有的翠绿欲滴，有的黄里透红……珊瑚枝枝杈杈，招人喜爱。其中，较大的被陈列在北京故宫、人民大会堂里，较小的常用精巧的盘子盛着，聚集起来供人欣赏。

珊瑚这么珍贵，西沙群岛是珊瑚堆起来的吗？是的，西沙群岛的大部分岛屿的确是珊瑚堆积起来的。可是，岛上的珊瑚

长期遭到风风雨雨的破坏，已失去它的本来面目，只剩下些残片和渣粒了。人们要想得到珊瑚，就得到岛屿的周围和附近的海底去采集。西沙群岛附近的海底简直是珊瑚的世界！

珊瑚是一种小动物，它的个体很小，成群地"定居"在岛屿周围及浅海的岩石上。它们用自己分泌的石灰质为自己营造小房子。群体生活的

珊瑚虫，它们的骨架联在一起，肠腔也通过小肠系统联在一起，所以这些群体珊瑚虫有许多"口"，却共用一个"胃"。能够建造珊瑚礁的珊瑚虫有500多种，这些造礁珊瑚虫生活在浅海水域，水深50米以内，适宜温度为22摄氏度至32摄氏度，如果温度低于18摄氏度则不能生存。所以，在高纬度海区人们见不到珊瑚礁。珊瑚虫的触手是对称地生长的，根据触手的数目，可将珊瑚虫分为六放珊瑚和八放珊瑚两个亚纲。

　　珊瑚虫死了，它们的骨骼也是石灰质的，这些尸体黏结在一起，使珊瑚礁变得更加结实。下一代幼小的珊瑚虫在上面继续营造小房子，一代又一代，珊瑚礁越长越大。

　　但是，无论珊瑚礁长多么大，也不能长出海面，因为它们是海生动物，离开海水就活不成。

　　那么，珊瑚礁是怎样形成岛屿的呢？那是因为地壳发生变化，珊瑚礁被抬出海面，于是形成了岛屿。它们成群地分布在

大海、大洋中。海洋里有很多珊瑚礁形成的岛屿。可见，小小的珊瑚虫能耐可不小！但是它们怕冷、怕暗、怕水混。因此，珊瑚虫对生活环境要求很高：水温要在25摄氏度至30摄氏度之间，深度不能超过60米，海水又要比较明净。而我国的南海正好具备了这些条件，所以在那里形成了美丽的西沙群岛。

拓 展 阅 读

金银岛实为礁盘上的一个沙岛。在岛东南有2个小沙洲，西南有3个小沙洲。金银岛上的树木非常茂密，成为鸟类栖息的场所，故本岛的鸟粪丰富。岛上人工植的海棠树比较高大，树下有水井，井水可供饮用。

世界最大的珊瑚岛

　　大堡礁是世界上最大、最长的珊瑚礁群，是世界七大自然景观之一，也是澳大利亚人最引以为自豪的天然景观，又称为"透明清澈的海中野生王国"。大堡礁位于南半球，它纵贯澳洲的东北沿海，北从托雷斯海峡，南到南回归线以南，绵延伸展共有2011千米，最宽处达161千米。大堡礁上有2900个大小珊瑚礁岛，自然景观非常特殊。南端离海岸最远有241千米，北端则最近处离海岸仅16千米。在落潮时，部分珊瑚礁露出水面形成珊瑚岛。

　　在礁群与海岸之间是一条极方便的交通海路。风平浪静时，游船在此间通过，船下是连绵不断的多彩、多形的珊瑚景色，就成为吸引世界各地游客，来猎奇观赏的最佳海底奇观。

大堡礁堪称地球最美的"装饰品"，它像一颗闪着天蓝、靛蓝、蔚蓝和纯白色光芒的明珠，即使在月球上远望也清晰可见。

但令人费解的是，当初首次目睹大堡礁的欧洲人未以丰富的词汇来描述它的美丽。这些欧洲人大多数是海员，可能他们脑子里想的是其他事情，而忽略了大自然的美景。

大堡礁由350多种五彩缤纷的珊瑚组成，有的像傲雪的红梅，有的像开屏的孔雀，有的像繁茂的树枝，还有的像精雕细刻的工艺品……坐飞机从上空俯瞰，珊瑚礁宛如艳丽的鲜花，开放在碧波万顷的大海上。在大堡礁的格林岛上，还设有精巧的水下观察室。游人们在那里可以观看珊瑚洞穴里栖息着的数百种美丽的鱼类和稀奇古怪的海生动植物。有被珊瑚虫寄生的重达140千克的巨蛤，有能释放毒液的华丽的狮子鱼，以及形如石头的石头鱼，还有敢于偷袭潜水员的昆士兰鲹鱼……真好像水晶宫一般。

拓展阅读

环礁一般是由火山岛周围的裾礁演化而成的。通过风化岛屿逐渐被消磨，最后沉到水面以下，最后只剩下一个环绕着一个暗礁的环礁。海底下沉和海面上升也会形成环礁。马尔代夫国由26个这样的环礁组成。

海洋发生赤潮的原因

　　赤潮又称"红潮"，被喻为"红色幽灵"，是海洋生态系统中的一种异常现象。它是由海藻家族中的赤潮藻在特定环境条件下爆发性地增殖造成的。

　　海藻是一个庞大的家族，除了一些大型海藻以外，很多都是非常微小的植物，有的是单细胞植物。根据引发赤潮的生物种类和数量的不同，海水有时也呈现黄、绿、褐色等不同颜色。

　　那么，赤潮到底是怎么形成的呢？

　　赤潮发生的原因比较复杂，其首要条件是赤潮生物增殖要达到一定的密度。否则，尽管其他因素都适宜，也不会发生赤潮。

　　在正常的环境条件下，赤潮生物在浮游生物中所占的比重并不大，有些鞭毛虫类还是一些鱼虾的食物。但是由于特殊的环境条件，使某些赤潮生物过量繁殖，便形成赤潮。

　　水文气象和海水理化因素的变化是赤潮发生的重要原因。海水温度在20摄氏度至30摄氏度时，是赤潮发生的最适宜的温度范围。科学家发现一周内水温突然升高大于2摄氏度，是赤潮发生的先兆。

　　海水的盐度变化也是促使"赤潮"生物大量繁殖的原因之一。当盐度在26至37的范围内时，发生赤潮的可能性比较大。但是，当海水盐度在15至21.6时，容易形成温跃层和盐跃层。温、盐跃层的存在为赤潮生物的聚集提供了合理条件，很容易诱发赤潮。

　　此外，由于径流、涌升流、水团或海流的交汇作用，使海底层营养盐上升到水上层，造成沿海水域高度富营养化。营养盐类含量急剧上升，引起硅藻的大量繁殖。这些硅藻过盛，特别是硅藻的密集常常引起赤潮。

这些硅藻类又为夜光藻提供了丰富的饵料，促使夜光藻急剧增殖，从而又形成粉红色的夜光藻赤潮。

据监测资料表明，赤潮发生在干旱少雨，天气闷热，水温偏高，风力较弱，或者潮流缓慢等水域环境。

海水养殖的自身污染亦是诱发赤潮的因素之一。随着全国沿海养殖业的大发展，尤其是对虾养殖业的蓬勃发展，导致了严重的自身污染问题。

在对虾养殖中，人工投喂大量配合饲料和鲜活饵料。池内残存饵料增多，严重污染了养殖水质。

另外，大量污水排入海中，这些带有大量残饵、粪便的水

中含有氨氮、尿素、尿酸及其他形式的含氮化合物，加快了海水的富营养化，为赤潮生物提供了适宜的生态环境，使其增殖加快，引发赤潮。

自然因素也是引发赤潮的重要原因，赤潮多发除了人为的原因以外，还与纬度位置、季节、洋流、海域的封闭程度等多种自然因素有关。

拓展阅读

研究表明，世界上有50多种引起赤潮的赤潮生物。其中，最普通常见的为夜光虫、腰鞭毛虫、裸甲藻等10多个种类。鞭毛藻可引起绿赤潮，某些硅藻可产生红褐色赤潮，真正形成红赤潮的浮游生物是夜光虫。

深海里的极限动物

俗话说"万物生长靠太阳"，可在海底"黑烟囱"周围却生活着一群极限生物，它们并不认同这个道理。

要知道，在两三千米的海底，阳光照不进来，海水热液的温度高达400摄氏度，而周围的海水温度只有2摄氏度左右，真是"一边是烈焰，一边是冷水"，那里还有很多含硫的有毒气体。

在这样严酷的极限环境里，居然生存着一大群各种各样的

生物。它们有虾、螃蟹……种类之多一点儿都不比热带雨林里的生物群落逊色。

那么，这些热水煮不熟，冰水冻不死的生物都吃什么呢？在海底生活着一种奇特的细菌，那就是硫细菌。硫细菌不用阳光，不用氧气，它们依靠硫黄在发生化学反应时释放出来的能量生存。这些硫细菌就是其他生命的食物。

在很久以前，科学家就曾发现深海里有生命存在。当时，"阿尔文号"考察船在东太平洋加拉帕戈斯群岛附近，在几千米深的海下发现，这个终年黑暗没有阳光的世界是一个繁衍生命的沃土。

在这里生活着许多贝、白蚌和红冠蠕虫等动物，但其形状与阳光世界里的有很大区别。

深海里的红冠蠕虫最长的达两三米。它用白色外套管把自己固定在岩石上，保护着自己柔软的身体。它没有消化系统，就靠着伸出套管的身体过滤海水中的食物。

有人曾对这些深海生命的生存条件进行过分析，认为海水经过高温和高压，所含的硫酸盐变成硫化氢，有些细菌就靠着硫化氢进行代谢，靠吸收温泉热能而得以繁殖。

一些小动物则靠过滤这些细菌生存，大的动物又以小的动物为食物。

就这样，在没有阳光的深海世界里形成了一条独特的食物链，由此而维持了一系列生命的生存。

在万米深的海沟中也有数量不少的海洋动物。这些动物在一个相对稳定的海洋环境中生活，主要食物是一些海洋动物的

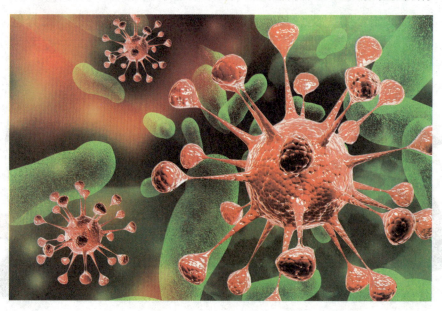

尸体被分解的物质。

近些年来，人们在洋中脊的深谷中也发现了许多海洋动物，例如：甲壳类、蛤、海参等。然而，这些动物个体比其他深海动物要大许多。

拓 展 阅 读

科学家在马里亚纳海沟发现了世界最大的单细胞生物，即巨型阿米巴虫。它的单个细胞直径超过0.1米，并且能从周围环境中吸收铅、铀和汞元素，对重金属环境有着很强的适应力。

海洋动物的吉尼斯纪录

生活在海洋里的动物们为了生存的需要，各自练就了一身奇特的本领，同时也创下了不少有趣的动物"吉尼斯纪录"。

在海洋生物寿命记录中，腔肠动物是最短命的，一般只用小时来计算。

水母一般只能活2小时至3小时，海葵能活15个月。

相比之下，鱼类要长一些。青鳞鱼能活15至20年，比目

鱼能活60年至70年，鲶鱼能活70年至100年，梭鱼能活至200年。1497年，德国人捕到一条梭鱼，重140千克，鱼尾有一金属环，上面刻着"1230年10月5日放生"，可知这条鱼活了267年。

最小的海蟹生长在日本，名叫豆蟹，有小米粒那么大，甲壳只有0.003米至0.004米长。

最大的海鱼是鲸鲨，它的身长最大可达25米，体重竟有80吨，一节火车皮拉不下它。

产卵量最多的鱼是翻车鱼，一次产卵可达3亿枚。这种鱼的数量极少，要不是它拼命地产卵，很难想象它是否能活到现在。

翻车鱼也是世界上最大、形状最奇特的鱼之一。它的身体又圆又扁，像个大碟子。鱼身和鱼腹上各有一个长而尖的鳍，而尾鳍却几乎不存在，于是使它们看上去好像后面被削去了一块似的。

翻车鱼主要以水母为食，用微小的嘴巴将食物铲起。它们常常在水面上晒太阳，尽管其形状笨拙，但有时也会跃出水面。

最有毒的海洋动物是生活在印度洋一带的匣状水母，它所放出的毒素一旦刺入人体，几分钟内人就会丧命。

变色最快的鱼类要数比目鱼和石斑鱼了，它们能在不同背景下，连续变换七八种体色。

在30000多种鱼中，论游泳速度，冠军是旗鱼。

旗鱼在辽阔的海域中疾驰如箭，游速每小时达120千米，比轮船的速度还要快三四倍。

如果从天津到上海，旗鱼只要花10多个小时就能游完全程。

旗鱼的嘴巴似长剑，可把海水快速往两旁分开；背

鳍竖起展开来，犹如船上的风帆，游泳时就会放下背鳍以减少阻力；尾柄肌肉很发达，摆动起来非常有力，像轮船的推进器。这样的身体结构是它创造鱼类游泳速度最高纪录的可贵条件。

拓 展 阅 读

创潜水纪录的海兽是抹香鲸，它能潜到水下2200米的地方。海洋中的跳高冠军是生活在古巴附近的跳鱼，它能跳出水面5米以上。最大的海参是生活在我国西沙群岛的梅花参，体长足有一米，够几十个人饱餐一顿。

雌雄同体的海洋动物

人们常说，大千世界无奇不有，海洋生物世界更是无奇不有。就拿鱼类等海洋动物来说吧，它们中的许多种能够变性。况且这些动物的性变都是轻而易举的事。

鳝鱼和牡蛎兼雌雄两性，而且两性能够互相变化。它们在性变后，仍能繁殖后代。

据水产学家研究，黄鳝从受精卵化成幼鳝，直至成年鳝，

一般都是雌性体，并能产卵。

可是产了一次卵之后，它们的生殖系统突然发生变化，卵巢变成精巢，并产生精子。这时，变成雄性的黄鳝就要担负起为其他雌鳝卵受精的任务。

牡蛎的雌雄变性更为有趣。它们是逐年变性的。即今年是雌性，明年就变为雄性，后年再变回雌性，如此年年改变性别。当然，并非所有牡蛎都步调一致地发生性变。

澳大利亚的大堡礁上，有一种身体很小的隆头鱼。因为它们能够清除大鱼肚上和鳃内的寄生虫，所以又得名为"清洁鱼"。大个头的隆头鱼都是雄性的，而雌鱼较小。

雄鱼给许多条雌鱼产的卵授精。如果雄鱼死亡或迁移，雌鱼中必定会有一条较大的个体在一个小时内变成雄鱼。两三个星期后，它的卵巢完全变成精巢，并可执行授精任务。

更为奇特的是，生活在美国佛罗里达州和巴西沿海的蓝条石斑鱼，一天中可变性好几次。

每当黄昏之际，雄性和雌性的蓝条石斑鱼便发生性变，甚至反复发生5次之多。这种现象既叫变性，又叫"雌雄同体"和"异体受精"。

科学家们分析，或许是因为鱼的卵子比精子大许多，假如只让雌性产卵，负担太重，代价太高。而假如双方都承担既排精又排卵的任务，繁殖后代的机会会更多一些。

20世纪90年代初，苏格兰的穆伊教授在人工饲养的罗非鱼

才孵出来不久，就在池中加上一定量的荷尔蒙药剂，不料几星期以后，雌鱼却变为雄鱼。在穆伊教授的实验室里，每月孵出3000尾罗非鱼苗，其中99%的雌性鱼经过荷尔蒙剂的作用都变成了雄性鱼。运用此种方法可以增加雄鱼的数量，使罗非鱼的受精率大为提高，而雄罗非鱼的生长速度比雌鱼快得多，因而也就可以大大提高养殖罗非鱼的产量。当然，这对养殖其他鱼种也可能是一个有益的启示。

拓展阅读

红海的红鲷鱼，20多条便组成一个"一夫多妻"制家庭。"丈夫"失踪或死亡时，就会有一个身强力壮的雌性变成雄性，取代它的位置，统治这个家庭。假如这个"丈夫"出走，另一个雌性也会紧接着变成雄性。

会歌唱的海洋动物

鹦鹉有着非凡的本领，它能模仿人类的语言说话，还能模仿人类唱歌。奇怪的是，海洋里的动物为什么也能喋喋不休地唱歌？这些歌声又表达什么意思呢？

鱼儿唱歌确实能发出各种声响，这是它们特殊的语言功能。它们有时是为了寻找自己的伙伴。有时是为了借助声音来吓唬敌人，如大螯虾，发现追赶的敌人时，就会发出"噼噼啪啪"的声音。有时借助声音的频率变化，发现和避开障碍。有时是到了排卵期，发出自己生理变化的信号。声音里包含的语言信息内容可丰富啦！

　　有经验的渔民能听懂大小黄鱼的叫声，他们正好能根据声音辨别鱼群进行捕捞。

　　海洋动物的语言被研究得最多的是海豚。它们过着群居的生活，由于水下光线暗弱，视界不清，更需要用声音来传递消息，因此耳朵特别灵敏。它们会发出弹拨声，利用回声来定位。也会发出"吱吱"声，相互交谈。

　　科学家对海豚进行观察研究后，发现了很多秘密。他们在一个狭窄的海湾里，设置了一种由绳索悬挂着很多铅丝的栅栏。一艘科学考察船用水听器侦察水下消息。

海面上突然游来5只海豚。水听器记录到了海豚在500米外就觉察了这个障碍物的情况。有只海豚游到栅栏前，探索了一番，再回到原地，接着就与同伴进行交谈。交谈时发出一连串刺耳的"吱吱"声。当它们觉得没有危险的时候，就一起游进了海湾。

海豚的声音虽同是"吱吱"声，却有抑扬顿挫，升调和降调的区分。有的表示求救，有的表示亲热。经过训练的海豚还会学发音，与人"谈心"呢！

座头鲸有灵敏的听觉，它的"歌声"有哼哼声、呼噜声、嗥叫声和短促的尖叫声，歌声中包含着复杂的语言。

它们在说些什么？

动物学家把这种模式的每支歌，编成8个至10个音的主题曲，每支曲唱15分钟至30分钟。

科学家认为鲸唱歌和鱼唱歌一样，是同类间求爱的呼唤，或者是警告声，表示不得靠近。

拓展阅读

白鲸是海上的健谈者，英国航海家早就称它为海洋里的"金丝雀"。它能发出多种变化多端的声音，包括旋转的颤音、"嘎嘎"叫、似钟声、尖锐的"啪啪声"与近似推动生锈门板的声音。

海豚救人的故事

　　海豚十分惹人喜爱，人们也常用它来象征永恒的友谊。在一些海滨浴场，它能与游人一起玩耍，在人腿之间穿梭游动，让人们轮流用手抚摸它的身体……不仅如此，它还会拯救溺水的人。

　　据古希腊历史学家希罗多德记述：有一位名叫阿里昂的音乐家，当他携带着大量的钱财乘船返回希腊时，一些贪财的水手便要在船上杀死他。阿里昂祈求水手们允许他演奏完生平的

最后一曲，然后跳进波涛汹涌的大海。

谁知这首优美动听的音乐引起了海豚的注意，它们游过来驮起了阿里昂，把他送到了海岸上。

现在，你已经看过海豚救人的故事，也已经知道了海豚是一种与人类亲近的动物，但是你还不知道，海豚还舍弃自己的孩子去救那些遇险的人的英雄事迹呢！

曾经有一对夫妇在墨西哥海湾潜水，当潜至10米深时，他们发现一条大鲨鱼追赶一只受伤的小海豚。鲨鱼发现有人，就舍掉小海豚向他们扑来。

夫妇二人见此情景只好用防鲨棒和匕首同鲨鱼搏斗，但是人毕竟是斗不过鲨鱼的。

正在危急关头，一只大雌海豚游了过来，冲向鲨鱼，鲨鱼急忙迎战海豚，夫妇二人得救了。回到岸上后，他们只见到那只受伤的小海豚游来游去，却没看见那只大海豚。

为什么海豚能救人呢？为了更好地回答这个问题，科学家们把海豚捉来，养在水池里进行观察。

通过观察发现，海豚在水里游一会儿，就要浮出水面呼吸空气，否则它就会憋死。海豚妈妈为了让刚出世的孩子能够吸到第一口气，就先生下幼豚的尾巴，等幼豚的头最后离开母体时，大海豚把身体往上一翘，幼豚的头正好露出水面，直至它能自己呼吸为止。

久而久之，海豚便养成了一种习惯：凡是停留在水里不太动的东西，它们都要用唇部去推它，或者用牙齿去咬它。要是有人落水，它们也会这样做的。而当人们看到海豚推人或托起人的时候，就会以为它们是在"救人"。

其实，海豚根本没有救人的这种思想。这就好比蜜蜂会建筑精巧的蜂房，这不过是它们的本能，并非它们的头脑会进行什么设计。海豚"救人"也只不过是在表演它的本能的动作而已。

拓 展 阅 读

1964年，日本的"南阳丸号"渔船不幸沉没，有4人在水中拼命挣扎。这时，两只海豚游过来，钻到渔民们的身下，让渔民骑着它们。这样，每只海豚背两个人，游了60多千米，直至把渔民送到岸边，才欢快地向远方游去。

大马哈的命运

　　大马哈鱼又叫鲑鱼，素以肉质鲜美、营养丰富著称于世，历来被人们视为名贵鱼类。我国的黑龙江畔以大马哈鱼为最多，是"大马哈鱼之乡"。

　　大马哈鱼身体长而侧扁，唇端突出，形似鸟喙。口大，内生尖锐的齿，是凶猛的食肉鱼类。

大马哈鱼的鱼子和幼苗只能在淡水中生存，它们一般把卵生在淡水系统的江河上游的沙砾区域。卵孵化出幼苗并生长一段时间后，顺流而下进入咸水系统的海洋之中，在物质富饶的海洋中生长发育、积蓄能量。

大马哈鱼经过4年左右的生长达到性成熟后，又会回游淡水江河中产卵。大马哈鱼主要栖息在北半球的大洋中，以鄂霍次克海、白令海等海区最多。

大马哈鱼的大半生是在海洋里生活的。它们在那里发育成熟，长到三四千克重时，就成群结队地从鄂霍茨克海和白令海出发，向西游来，最后来到我国的黑龙江、松花江一带，行程10000多千米。

万里征途充满了艰辛，它们不仅要与饥饿做斗争，而且要防御大动物的侵害。

有时，敌害把它们的队伍冲散了，它们会设法重新集结队伍，继续向前挺进。等到达河口后，它们便不再进食，只靠体内储存的营养物质维持生活。

即便在这时，它们还得与湍急的河水、巨大的旋涡做斗争，甚至要躲避暗礁险滩。

大马哈鱼在前进中为了越过瀑布，就会用自己的尾部竭力击水，借高速游泳而向前上方斜跃出水面。

尽管一路上有如此多的艰难险阻，随时都可能丧失生命，它们却毫不退缩，每天不停息地向前游50千米。

就这样，经过几个月的长途跋涉，鱼群终于游到了目的地。于是，母鱼赶紧用鳍在河底挖洞把卵产在里面，等雄鱼射精后，立即用泥沙埋起来，防备被别的动物吃掉。

等做完这一切，雌雄大马哈鱼也精疲力竭了。但它们已完成了繁殖后代的任务，于是便无怨无悔地死去。

　　小鱼出生一个多月后，就游回父母成长的地方，也就是鄂霍茨克海和白令海。

　　等它们长大后，也像父母一样，回到自己的出生地产卵、排精、生育后代。

拓 展 阅 读

　　鲑鱼又称三文鱼，是深海鱼类的一种，也是一种非常有名的溯河回游鱼类，它在淡水江河上游的溪河中产卵，产后再回到海洋育肥。鲑鱼具有很高的营养价值和食疗作用。